Bibliografische Information der Deutschen Nationalbibliothek:

Die Deutsche Bibliothek verzeichnet diese Publikation in der Deutschen National-
bibliografie; detaillierte bibliografische Daten sind im Internet über http://dnb.d-
nb.de/ abrufbar.

Impressum:

Copyright © 2003 GRIN Verlag, Open Publishing GmbH
Druck und Bindung: Books on Demand GmbH, Norderstedt Germany
ISBN: 978-3-668-14041-7

Cornelia Haldenwang

Infrastruktur und touristisches Angebot in Swakopmund, Namibia

GRIN Verlag

Infrastruktur und touristisches Angebot in Swakopmund, Namibia

Cornelia Haldenwang

Inhaltsverzeichnis

1. Entwicklung des Tourismus in Swakopmund

Die 1892 in der Nähe der Mündung des Swakop-Flusses gegründete Stadt Swakopmund wurde ursprünglich von den deutschen Kolonialherren als Hafenstadt angelegt, wovon noch heute die Landungsbrücke, die sog. „Alte Jetty" zeugt.[1] Durch die begünstigte Lage wurde die Stadt Swakopmund schon während der Kolonialzeit als Bade- und Erholungsort aufgesucht. Im Jahr 1914 gab es allein in Swakopmund schon über 18 Hotels und Gastwirtsbetriebe. In den nun folgenden Jahren wurde der Strand bei Swakopmund für Badetouristen erschlossen, indem eine Badeanstalt mit Umkleideräumen, sowie ein Tennisplatz, verschiedene Grünanlagen und eine Promenade zwischen der Mole und der Landungsbrücke errichtet wurden. Des weiteren entstanden ein Café und ein Musikpavillon.

Bereits vor dem Zweiten Weltkrieg war die Stadt als Ferienparadies in ganz Namibia bekannt. Die reicheren Bürger aus dem Landesinneren fuhren während der heißen Sommermonate zur „Sommerfrische" nach Swakopmund.

Da die vorhandenen Beherbergungsmöglichkeiten bald nicht mehr ausreichten, errichtete man zu Hochsaisonzeiten am Südstrand der Stadt ein provisorisches Zeltlager mit 12 Zelten. Aus diesem Zeltplatz entwickelte sich später die sog. Zeltstadt, „Lappiesdorf", in der bereits im Jahr 1950/51 über 1056 Urlauber wohnen konnten.

Aus dieser Zeltstadt entstanden innerhalb der nächsten 20 Jahre der Bungalowstadtteil in der Nähe der Swakopmündung, und der mit über 500 Stellplätzen ausgestattete Campingplatz nördlich von Swakopmund. Weitere Campingplätze wurden in dieser Zeit gebaut, wozu die „Meile 14" nördlich von Swakopmund, und die „Meile 72" bei Hentiesbaai zählen. Zur Ausstattung dieser Campingplätze gehören „Braaiplätze", sanitäre Anlagen und ein kleiner Laden.

In den 70er Jahren wurde das touristische Angebot durch die Eröffnung des Swakopmunder Schwimmbads (1972) erweitert, so dass Touristen von nun an auch in den kälteren Monaten, wenn das Meer zu kalt ist, schwimmen gehen können.

Durch die Verbesserung der Verkehrswege wurde Swakopmund in den folgenden Jahren nicht nur für nationale Touristen, sondern auch für südafrikanische Touristen ein beliebter Ferienort. Um die Touristenströme insbesondere während der Hauptferienzeit des südlichen

---

[1] Zu näheren Einzelheiten zur Geschichte der Stadt siehe Maßmann, 1998, S. 56-76.

Afrikas (Dezember/Januar) beherbergen zu können, wurde u. a. in den 50er Jahren der Stadtteil Vineta errichtet, in dem hauptsächlich Ferienhäuser gebaut wurden. In den 70er Jahren wuchs dieser Vorort von Swakopmund, da die Rössing-Mine weitere Wohnhäuser in diesem Gebiet errichten ließ. In dieser Zeit entstand auch der Stadtteil Kramersdorf als eine Erweiterung der Stadt in nördliche Richtung, wo weitere Ferienhäuser und Appartements gebaut wurden.[2]

Die Stadt Swakopmund gehört bis heute neben der Hauptstadt Windhoek mit zu den wichtigsten touristischen Zentren von Namibia.

Insbesondere in den Monaten Dezember und Januar wird die Stadt wegen des angenehmen kühlen Klimas von den im heißen Landesinneren wohnenden nationalen und südafrikanischen Touristen aufgesucht.

Die Stadt wird zudem von Geschäftsleuten, Rentnern und im Ruhestand lebenden Farmern als ständiger Alterswohnsitz genutzt, bzw. oftmals als Zweitwohnsitz während der Sommermonate.

Bei den internationalen Touristen ist die Stadt vor allem wegen ihrer gut erhaltenen Kolonialbauten bekannt. Lamping bezeichnet die Stadt deshalb als „riesiges Freilichtmuseum"[3]. Die Umfrage CH-2002/2003 ergab, dass von 73 befragten Touristen 93 % angaben, die Stadt Swakopmund zu besuchen. Von diesen 68 Personen gaben 43 Personen an, die Stadt im Zuge einer Rundreise durch ganz Namibia zu besuchen, während 10 Personen die Stadt bei einer Reise durch die Landesmitte und entlang der Küste besichtigen wollten. 15 gaben Swakopmund als hauptsächliche Unterkunft an. Dies verdeutlicht exemplarisch den enormen Stellenwert der Stadt innerhalb des namibischen Tourismus.

---

[2] Vgl. Maßmann, 1998, S. 33-39.
[3] Lamping, 1996, S. 29.

2. Touristische Angebote in Swakopmund[4]

2.1 *Ursprüngliches Angebot*

Natürliches Angebot

Da Swakopmund direkt am Meer gelegen ist und von einem recht ausgeglichenen Klima bestimmt wird, ist die Stadt das ganze Jahr über touristisch attraktiv. Vor allem aber wird sie in den heißesten Monaten des Jahres (ungefähr Oktober/November bis Februar) wegen der verhältnismäßig kühlen Temperaturen aufgesucht. [5] Zudem wird Swakopmund kaum von den Regenzeiten in Namibia berührt. Der Niederschlag liegt im Jahresdurchschnitt bei weniger als 10 mm. Das Niederschlagsmaximum wird in den Monaten November und Februar erreicht und beträgt nur 18 mm.

Die unten stehende Graphik über die durchschnittlichen Wassertemperaturen vor Swakopmund während eines Jahres verdeutlicht, dass die Meerestemperaturen insbesondere während der heißesten Jahreszeit bei durchschnittlich 17,5°C ideale Voraussetzungen bieten, Swakopmund als attraktiven Badeort erscheinen zu lassen. Wegen des täglich auftretenden Nebels wird sie von deutschen Touristen oftmals als „südlichstes Nordseebad" bezeichnet.

Abb.1: Jährliche Wasserdurchschnittstemperaturen bei Swakopmund

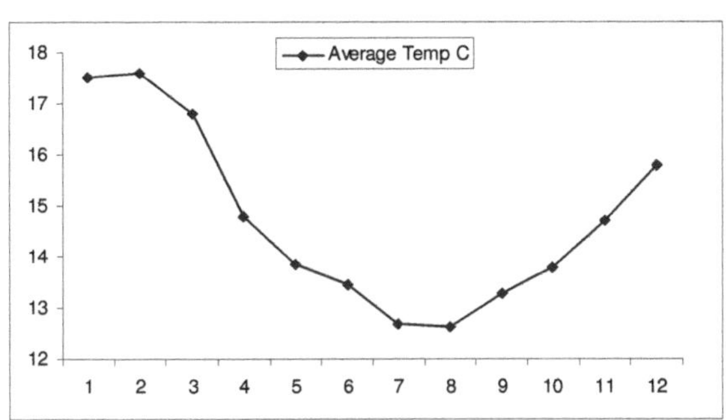

Quelle: Ministry of Environment and Tourism[6]

---

[4] Vgl. Kaspar, 1991, S. 64.

[5] Vgl. Iwanowski, 2002, S. 58.

[6] Vgl. Ministry of Environment and Tourism. „Sea temperatures. Swakopmund". <http://www.dea.met.gov.na/data/Atlas/zip_files/Sea%20temperatures%20at%20Swakopmund.zip> (06.05.03).

Zum natürlichen Angebot der Umgebung von Swakopmund gehört die Dünenlandschaft mit ihrer besonderen Vegetation, wovon die Welwitschia die bekannteste Pflanze ist. In der Umgebung der Stadt (ca. 50 km entfernt) befindet sich im Namib-Naukluft-Park auf einer Hocheben der sog. „Welwitschia Drive", wo eine Vielzahl der ältesten Pflanzen Namibias, der Welwitschia, anzutreffen ist. Zudem findet man auch hier die für die Namibwüste typischen am Boden lebenden Flechten.

Aus der Vogelperspektive bekommt man einen besonderen Eindruck von der Lage der Stadt, die mitten in der Wüste gebaut wurde. Das tiefblaue Meer auf der einen Seite und die Wüste auf der anderen Seite geben dem Besucher einen Eindruck von der Einzigartigkeit dieser Stadt.

Das Meer mit seiner Artenvielfalt an Fischen stellt eine weitere Attraktion dar.

Ein weiterer Gunstfaktor ist, dass Swakopmund im Gegensatz zu Lüderitz äußerst selten starken Windböen ausgesetzt ist. Nicht weit von Swakopmund entfernt befindet sich zudem bei Cape Cross die größte Robbenkolonie Namibias.

Eine weitere Besonderheit stellt die sog. Mondlandschaft dar.

Soziokulturelles Angebot

Zum soziokulturellen Angebot gehören insbesondere die aus der Kolonialzeit stammenden Gebäude, wozu das ehemalige Bahnhofsgebäude (1901), das ursprüngliche Gebäude der Hansabrauerei, die evangelisch-lutherische Kirche (1912), das nach der Firma „Woerman Bruck & Co" benannte Woermanhaus (1905) – hier ist heute die öffentliche Bibliothek der Stadt untergebracht – der Leuchtturm (1902), das Postgebäude und das alte Gefängnis (1907), das ursprünglich weit außerhalb der Stadt lag, jetzt aber nicht weit vom Stadtzentrum entfernt liegt. Insbesondere das Marinedenkmal vor dem Leuchtturm, das zum Gedenken der während des Hereroaufstandes (1904 bis 1907) gefallenen Soldaten aufgestellt wurde, erinnert an die Kolonialzeit. Weitere aus der Kolonialzeit stammende Gebäude sind das Amtsgericht (1909), die ehemalige Kaserne (1906), das im Jahr 1902 errichtete Lazarett, das später unter dem Namen „Prinzessin Rupprecht Heim" als Erholungsheim diente (1914), das von der Otavi Minen- und Eisenbahngesellschafterbaute erbaute Omeg-Haus, das als Güterschuppen diente und schließlich im Jahr 1969 von der Gesellschaft für Wissenschaftliche Entwicklung aufgekauft wurde.[7] Heute befindet sich in diesem Haus u. a. die nach dem Juden Sam Cohen benannte umfassende Bibliothek, in der eine Vielzahl an Büchern aus der Kolonialzeit zu finden sind. Das wahrscheinlich bekannteste und prächtigste Gebäude der Stadt ist das Hohenzollernhaus, das nach dem Vorbild eines Berliner Wohnhauses gebaut wurde.[8]

Eine weitere Sehenswürdigkeit aus der Kolonialzeit ist die ehemalige Landebrücke für Ozeandampfer, die sog. „Jetty". Während Iwanowski noch in seinem 2002 erschienenen Reiseführer den Sonnenuntergang von der „Jetty" aus als besonderes Erlebnis beschreibt, darf man die Brücke momentan aus Sicherheitsgründen nicht mehr betreten.[9]

In der Daniel Tjongorara, der ehemaligen Poststraße, befindet sich angeblich die älteste Litfaßsäule der Welt, die im Jahr 1905 aus Deutschland importiert worden war, um sie für Anzeigen, Bekanntmachungen und Werbeplakate zu nutzen.[10]

Etwas außerhalb der Stadt kann man den sog. Martin Luther sehen, eine Dampflokomotive, die im Jahr 1896 von Deutschland aus per Schiff nach Walvis Bay gebracht wurde. Die Dampflokomotive, die ursprünglich die Ochsenwagen als Transportmittel ersetzen sollte, legte den Weg von Walvis Bay bis nach Swakopmund (ca. 30 km) innerhalb von drei Monaten zurück. Hauptproblem beim Einsatz der Lokomotive war der enorme Wasserverbrauch der Lokomotive, das per Ochsenkarren angeliefert wurde. Die Lokomotive schaffte noch einige Transportfahrten, bis sie im Jahr 1897 an der Stelle, wo sie heute noch steht, im Sand stecken blieb.[11]

Swakopmund ist bis heute vom „Deutschtum" geprägt. Dies zeigt sich allein dadurch, dass ein Großteil der Einwohner Swakopmunds deutsch spricht. Außerdem zeugen die deutsche „Kaiser Schlachterei" und die deutsche Bäckerei von dem „Deutschtum" in Swakopmund. Auch die Straßen hatten bisher deutsche Namen, was aber in den letzten Jahren, trotz großer Proteste von Seiten der deutschstämmigen Bevölkerung, geändert wurde.

---

[7] Maßmann, 1998, S. 47-56; Iwanowski, 2002, S. 378-382.

[8] Vgl. Weber/Wiebus, 2002, S. 176.

[9] Vgl. Iwanowski, 2002, S. 381.

[10] Vgl. Dahle/Leyerer, 2001, S. 521.

[11] Seit dem Ausspruch von Dr. Max Rhode über die Dampflokomotive, die jetzt seiner Meinung nach auch mit Martin Luther sagen könne „Hier stehe ich, ich kann nicht anders!", wird sie als Martin Luther bezeichnet. Vgl. Maßmann, 1998, S. 49.

Die „Bewahrung des Deutschtums" äußert sich u. a. darin, dass Heiraten vorwiegend innerhalb der eigenen ethnischen Gruppe geschlossen werden, d. h. Deutsche heiraten vorwiegend Deutsche. Auch der sonntägliche Kirchgang wird von den meisten deutschstämmigen Bewohnern eingehalten. Jeden Sonntag sieht man viele Familien in die lutherische Kirche strömen, in der der Gottesdienst in Deutsch abgehalten wird.

Der Männergesangsverein von Swakopmund, indem deutsche Volkslieder und Südwesterlieder gesungen werden, trägt dazu bei, die deutsche Kultur weiterzutragen. Da laut Aussage eines Chormitgliedes sich die neue Generation immer weniger für die deutsche Tradition interessiert, machten 16 der 30 Chormitglieder mit ihren Familien zum 100 jährigen Bestehen des Gesangvereins eine Rundreise nach Deutschland, um bei der nächsten Generation die deutsche Kultur somit zu festigen.[12]

Eine besondere Stellung im Jahr nimmt das Weihnachtsfest ein. Fast in jedem Haus befindet sich ein Weihnachtsbaum in Form eines geschmückten Akazienzweigs oder einem aus Südafrika importierten Nadelbaum.[13] Verwandte und Bekannte aus Namibia, Südafrika und sogar aus Deutschland kommen in der Zeit zwischen Weihnachten und Neujahr nach Swakopmund. Während der Vorweihnachtszeit werden sogar in vielen Geschäften, Restaurants und Cafés deutsche Weihnachtslieder abgespielt.

Während die Innenstadt Swakopmunds und die Vororte Kramersdorf (dem Villenviertel der Weißen) und Vineta (wo auch überwiegend Weiße wohnen) besonders von der Kultur der Weißen geprägt sind, wird der Vorort Tamariskia, der im Zuge des Odendaalplans errichtete wurde, von den Farbigen dominiert. Im starken Kontrast zu der vom Deutschtum geprägten Innenstadt Swakopmunds stehen die „Townships" Mondesa und das vom Rössing-Konzern erbaute Arandis, wo bis heute fast ausschließlich schwarze Arbeiter der Rössingmine mit ihren Familien leben.

Mondesa entstand in den 60er Jahren, als man zu erkennen meinte, dass die Siedlungen der Schwarzen innerhalb Swakopmunds sich angeblich negativ auf den Tourismus auswirken würden. Die Gebäude im Stadtteil Mondes bestehen bis heute überwiegend aus einfachen Wellblechhütten. Viele Menschen leben hier an ihrem Existenzminimum. Von den Schwarzen

---

[12] Vgl. Frömel, 2002, S. 51.

[13] Schmidt-Lauber erwähnt in ihrem Buch „Weihnachten im Sommer: Zur Konstruktion deutscher Identität in Namibia", dass selbst die Weihnachtskerzen nicht fehlen dürfen, und diese deshalb extra wegen der Hitze in der Kühltruhe aufbewahrt werden. Vgl. Schmidt-Lauber, 1998, S. 6.

wird der Stadtteil Mondesa als Träger der typischen schwarzafrikanischen Kultur mit einem pulsierenden Marktleben gesehen. Der Stadtteil Mondesa wird deshalb auch als "Namibia`s cultural meetingplace" bezeichnet[14].

2.2 *Abgeleitetes Angebot*

Beherbergung

Swakopmund hat als Stadt, lässt man die Hauptstadt Windhoek außer Acht, mit 2.267 Betten bei weitem das höchste touristische Bettenangebot in Namibia. Vergleicht man die Anzahl der Unterkünfte von ganz Namibia mit Swakopmund, wie ich es in untenstehender Graphik vorgenommen habe, fällt auf, dass Swakopmund allein einen Anteil von 7% hat, während Windhoek nur 6% mehr an Unterkünften aufzuweisen hat.

Abb.: 2 Anteil der Unterkünfte Swakopmunds im Vergleich zu Windhoek und dem übrigen Namibia

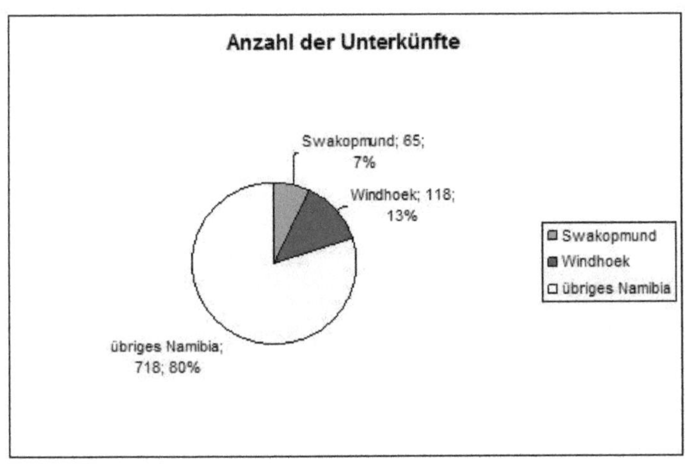

Bei einer Anzahl von insgesamt 57 Beherbergungsbetrieben (ohne die acht „Backpackers"
gerechnet, für die keine Zahlen vorliegen) ergibt sich eine durchschnittliche Kapazität von
39,8 Betten pro Betrieb, was für namibische Verhältnisse recht viel ist. Dabei muss
berücksichtigt werden, dass allein die 16 Hotels von Swakopmund eine Kapazität von 841
Betten aufweisen, wovon die vier größten Hotels, das Swakopmund Hotel mit 164 Betten, das
Hansa Hotel mit 122 Betten, das Strand Hotel mit 90 Betten und das Hotel Europa Hof mit 75
Betten, allein 53,6% ausmachen.

Tab. 1: Beherbergungsangebot Swakopmunds

Swakopmund	Betriebe	Betten	Betten pro Betrieb
Appartements	15	242	16,1
Bread & Breakfast	24	242	10,1
Hotels	16	841	52,6
Lodge	1	30	30
Restcamp	1	912	912
gesamt	**57**	**2267**	**39,8**

Die vorliegende Tabelle lässt insgesamt 8 Backpacker- und Camping-Unterkünfte außer acht.
Nimmt man das außergewöhnlich große städtische Rastlager (Bungalows im Süden der Stadt)
einmal aus der Berechnung heraus, ergibt sich für die übrigen Betriebe eine durchschnittliche
Bettenzahl von 24,2.

Auffallend ist, dass es nur eine Lodge in Swakopmund gibt. Diese Tatsache ist wahrscheinlich
darauf zurückzuführen, dass innerhalb der letzten 10 Jahre im Zuge des „elitären"
Tourismuskonzepts Beherbergungsbetriebe in Form von Lodges aufkamen, die touristische
Erschließung Swakopmunds aber schon viel früher begonnen hat. So gab es beispielsweise
das Hotel Europa Hof schon seit 1903 und das Strand Hotel seit 1940.

Während die Lodge und die Hotels dem gehobeneren Standard der internationalen Touristen entsprechen, werden die nicht allzu komfortablen Backpackers, Appartements, Ferienwohnungen und Restcamps zumeist von den nationalen und südafrikanischen Touristen genutzt.

Berücksichtigt man den enormen Andrang der nationalen und südafrikanischen Touristen während der heißen Sommermonate, gibt auch die auf den ersten Blick recht hoch erscheinende Zahl von 912 Betten des Restcamps einen Sinn. In dieser Zeit, zwischen Weihnachten und Neujahr sind sämtliche Unterkünfte in Swakopmund ausgebucht.

Verpflegung

Swakopmund besitzt eine Vielfalt an Gastronomiebetrieben in den unterschiedlichsten Preisklassen. Zu den gehobeneren Betrieben gehören beispielsweise das Restaurant des „Swakopmund Hotels" oder des „Hansa Hotels". Zu den weniger gehobenen Betrieben zählen eine Pizzeria und das Fastfood-Restaurant der amerikanische Kette „KfC", das zumeist von namibischen Jugendlichen besucht wird.

Das „Café Anton", das Restaurant „Deutsches Haus", das Restaurant „Zur Weinmaus" und das Brauhaus von Swakopmund, wo es das in der Swakopmunder Brauerei nach dem deutschen Reinheitsgebot von 1516 hergestellte Bier gibt, sind sowohl bei den deutschstämmigen Namibiern als auch bei den deutschen Touristen besonders für die deutsche „Hausmannskost" beliebt.

Im Verhältnis zur Stadtgröße befinden sich relativ viele Cafés und Restaurants in den Hauptgeschäftsstraßen, die aber überwiegend von den internationalen Touristen besucht werden. Die einheimischen Namibier, auch wenn sie in Swakopmund Urlaub machen, nehmen kaum das Angebot der Gastronomiebetriebe wahr. Sie treffen sich zumeist mit Freunden oder Bekannten zum „Braaien" am Strand oder an speziell dazu vorgesehenen „Braaiplätzen" der Restcamps.

Nachtleben

Bei der Frage innerhalb der Umfrage CH-2002/2003 gaben nur 10 von 73 befragten Touristen an, das Land wegen des Nachtlebens besuchen zu wollen. So ist es nicht verwunderlich, dass das Angebot an Bars und Diskotheken in Swakopmund nicht sehr groß ist. Viele der Bars, wie ein Interview mit dem Diskjockey des Nachtclubs „Rafter`s" ergab, haben nur in den Monaten Dezember und Januar täglich geöffnet. Die einzige Disko befindet sich etwas außerhalb der Stadt. Auffallend ist, dass bis heute die Angestellten der Bars und Clubs der Innenstadt zumeist Schwarze und Farbige sind, während die Besucher überwiegend Weiße sind.

Das Kino in der Innenstadt und insbesondere das Kasino im Gebäude des „Swakopmund Hotels" werden abends vor allem von den nationalen Touristen besucht.

Bei der Umfrage (CH-2002/2003) gaben einige Touristen an, dass sie mit dem vorhandenen Angebot an Nachtleben nicht zufrieden seien, da sich die meisten Bars, Bistros und Clubs in der Innenstadt befänden. Sie bemängelten, dass es bis auf das „Strand Hotel" und die „Light House Bar" direkt am Strand keine Gastronomiebetriebe gäbe, da hauptsächlich Wohnhäuser und Ferienwohnungen, wie anhand der Kartierung von Swakopmund deutlich wird, in Strandnähe zu finden seien.

Einkaufsmöglichkeiten

Neben verschiedenen kleineren "Mini-Markets" gibt es zwei große Supermärkte in der Innenstadt von Swakopmund.

Die Kartierung von Swakopmund macht deutlich, dass es eine Vielfalt an speziell auf den Tourismus ausgerichtetem Angebot an Souvenirläden mit neutralen Souvenirs oder speziell afrikanischen Souvenirs gibt. Landestypische Souvenirs in Form von Lederwaren, Holzschnitzereien, Schmuck und Decken werden hauptsächlich an dem Marktplatz in Nähe des Leuchtturms verkauft.

Die meisten Souvenirgeschäfte befinden sich in der Fußgängerzone, der Verbindung zwischen der Tobias Hainyeko Straße und der Roon Straße, in der es auch einige Bekleidungsgeschäfte und Lederwarengeschäfte gibt. Beliebt bei den internationalen Touristen sind vor allem die Schuhe aus Kuduleder.

Swakopmund gehört mit zu den wenigen Städten Namibias, die ein Angebot an Fotoläden haben, so dass Touristen, die auf der Durchreise sind, hier die Möglichkeit haben, Filme und Fotoapparatzubehör zu kaufen.

Reiseberatung und Reiseorganisation

Anhand der Kartierung von Swakopmund wird deutlich, dass sich sehr viele Reiseagenturen in Swakopmund niedergelassen haben. Insgesamt gibt es in der Innenstadt über 14 Reisebüros, wozu Safariunternehmen wie „Desert Adventures" und „Charly`s Desert Tours" gehören. Diese Reisebüros organisieren Touren in die umliegende Wüste zu den berühmten Welwitschia Pflanzen, zur sog. Mondlandschaft und nach Cape Cross. Flugsafaris werden über die Skelettküste und die Dünen von Sossusvlei angeboten. Auch werden von den verschiedenen Reisebüros aus Bootstouren in die Lagune von Walvis Bay organisiert

Touren zur „Township" Mondesa werden von der Organisation „African Desk"[15] organisiert, die sich bewusst von dem „Zooffekt"[16] distanzieren wollen, indem auf der Internetseite der Agentur angegeben wird, dass der Reiseleiter selbst in dieser „Township" aufgewachsen ist.

In der Touristeninformation von Swakopmund sind verschiedenen Informationsbroschüren über die Stadt und ihr touristisches Angebot erhältlich.

Weitere Reiseorganisationsagenturen sind das Büro der Fluggesellschaft Air Namibia und das Büro der „Pleasureflights and Safaris"[17], von wo aus nur Flugsafaris organisiert werden.

3. Allgemeine Infrastruktur

Schon während der Kolonialzeit gehörte Swakopmund neben Windhoek zu den Städten, die durch eine gut ausgeprägte Infrastruktur gekennzeichnet waren. Die Straßen, die bis heute aus einem Salz- und Zementgemisch gebaut werden, sind so breit, damit früher ein Ochsenwagen ohne Probleme auf der Straße wenden konnte. Etwas außerhalb der Stadt liegt der Flughafen von Swakopmund, von wo aus täglich Flüge nach Windhoek und anderen größeren Städten angeboten werden. Der Bahnhof der Stadt, der früher im Stadtzentrum lag, befindet sich heute außerhalb der Stadt. Von hier aus fahren die Touristenzüge „Desert Express" und „Shongolo Express" ab.

Da die Stadt Swakopmund recht großflächig gebaut wurde, gibt es eine Vielzahl an Taxis, die aber meist nur von den Bewohnern der Stadt genutzt werden. Der „Intercape Mainliner" Überland-Bus, der vorwiegend von der einheimischen Bevölkerung und den Südafrikanern benutzt wird, hält im Zentrum der Stadt.

Schon seit Gründung der Stadt scheiterten immer wieder die Versuche, eine stabile Landungsbrücke zu bauen, damit große Überseeschiffe hier anlegen konnten. Heute legen die Schiffe fast alle bei Walvis Bay an, von wo aus Swakopmund mit Waren beliefert wird.

---

[15] Africandesk. „Township Touren". <http://www.africandesk.com/de/township.html> (05.06.03).

[16] Vgl. Freyer, 2001, S. 61.

[17] Vgl. Pleasureflights. „Namibia Air Charter Flights". <http://www.pleasureflights.com.na> (05.06.03).

Wasser erhält Swakopmund aus den unterirdischen Wasserläufen der Riviere Kuiseb und Omaruru.[18] Bei der Umfrage (CH-2002/2003) gaben drei von sechs in der Tourismusbranche Swakopmunds beschäftigten Personen an, dass sie die Wasserversorgung Swakopmunds für die Zukunft gefährdet sähen. Sechs der befragten sahen keine Probleme in der Wasserversorgung, da die unterirdischen Wasserreservoire noch genügend Wasser hergäben.

Anhand der Kartierung von Swakopmund wird deutlich, dass sich im Verhältnis zur Stadtgröße eine Vielzahl an Immobilienhändlern, Notaren und Versicherungsagenturen in der Stadt niedergelassen haben. Zudem befinden sich verschiedene Verwaltungsbüros, die Zeitungsagentur der einzigen deutschen Zeitung in Afrika, der Allgemeinen Zeitung, und sogar eine Druckerei in der Stadt. Dies zeigt, dass Swakopmund neben Windhoek eine der wichtigsten Verwaltungszentren Namibias ist.

Mit zur ursprünglichen Infrastruktur gehören ein Altersheim, das teilweise bei mangelnder Auslastung auch Zimmer an Touristen vermietet und ein Krankenhaus.

Die Kartierung von Swakopmund macht deutlich, dass es in der Innenstadt von Swakopmund allein vier Internetcafés gibt. Die verhältnismäßig hohe Zahl scheint darin begründet zu liegen, dass viele Privathaushalte in Namibia noch keinen Internetzugang besitzen und somit die öffentlichen Internetcafés in Anspruch nehmen.

3.1 *Touristisches Transportwesen*

Verschiedene Autovermietungsagenturen wie „Avis", „Europcar Swakopmund" oder das Swakopmunder „Crossroads Car and 4x4 Hire" haben in Swakopmund eine Niederlassung, bei denen u. a. Allradgeländefahrzeuge gemietet werden können. Da in Swakopmund gemietete Autos erst von Windhoek nach Swakopmund gebracht werden müssen, können spontan für einen Tag keine Autos verliehen werden. Außerdem gibt es einen Fahrradverleih, bei dem Mountainbikes gemietet werden können. Ein Motorradverleih existiert nicht, da das Unfallrisiko auf den Salz- und Schotterstraßen zu hoch ist.

3.2 *Freizeitinfrastruktur*

Wie auf der Karte „Ursprüngliches und abgeleitetes Angebot Namibias" ersichtlich ist, gehört Swakopmund mit Walvis Bay zu den touristisch erschlossensten Gebieten Namibias. Die Freizeitinfrastruktur ist dem entsprechend sehr vielseitig.

---

[18] Vgl. Iwanowski, 2002, S. 211.

In der Stadt selbst gibt es einen Tennisplatz, ein Schwimmbad und einen Minigolfplatz. Insbesondere bei den südafrikanischen Touristen ist Swakopmund für die verschiedenen Angelmöglichkeiten, vor allem das Brandungsangeln[19] vom Strand aus oder das Hochseeangeln vom Boot aus, wo Haie, Rochen, Welse oder Brassen gefangen werden können, sehr beliebt. Als Wassersportmöglichkeiten werden Surfen, Tauchen oder Motorbootfahren angeboten. Am Strand, in Nähe des Campingplatzes, gibt es die Möglichkeit Beach Volleyball zu spielen.

Zu weiteren sportlichen Angeboten gehören das Ballonfahren und Fallschirmfliegen[20] über der Wüste. In den Dünen vor Swakopmund werden das sog. „Quad Biking", wobei man mit vierrädrigen Motorrädern durch die Dünen fährt, und das „Duneboarden" angeboten.[21]

Zudem werden geführte Reittouren durch die Namib Wüste angeboten. Eine Besonderheit stellen die Wüstentouren mit einer Kamelkarawane dar.22

Ein Golfplatz, der „Rossmund Golf-Club", befindet sich „mit saftigen Greens, Palmen, bunten Sträuchern und sogar Wasserhindernissen" fünf Kilometer von Swakopmund entfernt[23].

4. Attraktionen und Veranstaltungen

Eine besondere Attraktion stellt der alljährlich in der Vorweihnachtszeit stattfindende Weihnachtsmarkt auf dem Marktplatz von Swakopmund dar.

Vor allem bei namibischen Jugendlichen stellen die Strandfeste und das zwischen Weihnachten und Neujahr am Strand aufgebaut „Partyzelt" eine Attraktion dar.

Jedes Jahr im Dezember findet eine Segelregatta zwischen Walvis Bay und Swakopmund statt. Weitere, jährlich stattfindende Veranstaltungen in Swakopmund und Umgebung sind ein Autorennen auf der Salzpad, ein Angelwettbewerb und ein Reitturnier.

---

[19] Vgl. Namibiatouristik. „Brandungsangeln an Namibias Küste". <http://www.namibiatouristik.de/4/4_5.html> (06.06.03).

[20] Vgl. Desert Explorers. „Skydiving". <http://swakop.com/ADV/skydiving.htm> (06.06.03).

[21] Beim „Duneboarding" legt man sich auf ein Holzbrett und rast kopfüber mit über 80 km/h die Dünen hinunter. Vgl. Africandesk. „Ein Spaß im Stehen oder Liegen". <http://www.africandesk.com/de/duneboarding.htm> (06.06.03)

[22] Vgl. Erb, 2001, S. 24-25.

[23] Natron Net. „Aktiv sein im Land der Kontraste – Golfen". <http://www.natron.net/best-travel/golf.html> (06.06.03).

Der Karneval wird sowohl in Windhoek als auch in Swakopmund von den deutschstämmigen Namibiern jedes Jahr im April gefeiert.

5. Kulturelle Angebote

Das von dem deutschstämmigen Zahnarzt Alfons Weber im Jahr 1951 ins Leben gerufene Museum gibt dem Besucher einen Überblick über die namibische Tierwelt, die Geschichte der Stadt und den Urantagebau. Nähere Informationen über den Urantagebau geben vom Museum aus organisierte Touren zur Besichtigung der Rössing-Uranmine.

Das Leben der Kolonialisten wird u. a. durch ein altes Behandlungszimmer des Zahnarztes Weber und ein Wohnzimmer einer Kolonialfamilie veranschaulicht.

Da das Museum hauptsächlich über die Geschichte der Kolonialisten berichtet und die Geschichte der einheimischen Völker nur am Rande behandelt werden, gibt es neuerdings innerhalb des Museums eine Ausstellung zu den verschiedenen ethnischen Gruppen des Landes.

In der Kristallgalerie, in der der größte Kristall der Welt ausgestellt ist, erhält man einen guten Einblick in die geologische Beschaffenheit des Landes und die verschiedenen im Land gefundenen Mineralien. Ein Café, ein Souvenirladen und ein exklusives Schmuckgeschäft gehören mit zum touristischen Angebot der Galerie.[24]

Beim Besuch des Aquariums kann sich der Besucher aus unmittelbarer Nähe die verschiedenen Meerestiere ansehen, die im Benguelastrom leben.

In der Sam Cohen Bibliothek, die eine umfassende Sammlung über die Geschichte Namibias erhält, findet der geschichtlich interessierte Tourist eine Vielzahl an alten, aus der Kolonialzeit stammenden Büchern.

6. Auswirkungen des Tourismus in Swakopmund

Eine allgemeine positive Auswirkung des Tourismus ist die, bedingt durch die erhöhte Nachfrage, steigende Zahl der direkt in der Tourismusbranche beschäftigten Personen, wozu Tätigkeiten in Reisebüros, Beherbergungsbetrieben, Bars, Autovermietungen usw. gehören. Indirekte Arbeitsplätze entstehen auch bei den Zulieferbetrieben durch die erhöhte Nachfrage der touristischen Versorgungsbetriebe nach Lebensmitteln, Elektrizität etc.

---

[24] Vgl. Kristallgalerie. <http://www.kristallgalerie.com/> (06.06.03).

Wie durch den Tourismus auch indirekte Arbeitsplätze für unqualifizierte Personen entstehen, zeigt die kurzzeitige Anstellung von Arbeitslosen zur Säuberung des Strandes in Swakopmund, um den Touristen einen ordentlichen Eindruck zu vermitteln.[25]

Auf die Frage, welche Probleme der Tourismus in Swakopmund verursache (Umfrage CH-2002/2003), antworteten vier der 10 Befragten, die alle in der Tourismusbranche Swakopmunds beschäftigt sind, dass eine Folge des Tourismus die Arbeitsüberlastung der in Swakopmund beschäftigten Personen während der Monate Dezember und Januar sei. Die anderen sechs befragten Personen gaben an, dass der Tourismus aus ihrer Sicht nur positive Erscheinungen für die Stadt gebracht hätte. Typisch für die Zeit während der Hochsaison sind restlos ausgebuchte Beherbergungs- und Gastronomiebetriebe, so dass man mindestens einen Tag vorher einen Tisch reservieren muss, falls man abends in ein Restaurant gehen möchte.

Trotz des enormen Andrangs an Touristen während der Hochsaison wo oftmals sämtliche Unterkünfte ausgebucht sind[26], werden keine Hochhäuser in Swakopmund errichtet, da innerhalb der Bebauungsvorschriften der Stadtverwaltung verankert ist, keine über 10 m hohen Gebäude zuzulassen.[27]

Obwohl der Tourismus in Swakopmund überwiegend positive Folgeerscheinung aufweist, sollen doch an dieser Stelle einige negative Auswirkungen dargestellt werden. Eine negative Folge des Tourismus sind bettelnde Kinder und Jugendliche an den Touristenschwerpunkten der Stadt. Dadurch, dass diese Kinder von den Touristen Geld bekommen, werden sie schon sehr früh daran gewöhnt, auch ohne eine Arbeitsstelle Geld zu verdienen. Falls die Touristenströme abnehmen sollten, haben sie nicht gelernt, sich den Lebensunterhalt durch eine geregelte Arbeit zu verdienen.

Eine weitere negative Auswirkung des internationalen Tourismus auf den nationalen Tourismus in Swakopmund ist die Anhebung des Preisniveaus. Dies hatte zur Folge, dass der normale namibische Bürger es sich kaum noch leisten konnte, in Swakopmund Urlaub zu machen. Um den nationalen Tourismus aber weiterhin zu fördern, wurden unterschiedliche Preise festgelegt, wie es bei den Eintrittspreisen des „National Marine Aquariums" von

---

[25] Vgl. Heinrich, Dirk. „Sauberkeit hat Priorität". *Allgemeine Zeitung online*, 12.12.2002. <http://www.az.com.na/az/artikel/az-artikel.php4?rubrik=lokales&artikelnummer=1889> (06.06.03).

[26] Vgl. o.A. „Swakopmund ist fast ausgebucht". *Allgemeine Zeitung online*, 20.12.2000. <http://www.az.com.na/az/artikel/az-artikel.php4?rubrik=lokales&artikelnummer=74> (07.06.03).

[27] Vgl. Maßmann, 1998, S. 38.

Swakopmund festzustellen ist. So müssen einheimische Erwachsene für einen Besuch des Aquariums nur 10 N\$ zahlen, während der Eintritt für erwachsene Ausländer 30 N\$ kostet.

Dass der Tourismus zu Konflikten zwischen weißen Einwohnern und Politikern der Stadt führen kann, zeigt sich in dem Streit um die Umbenennung der Straßen. Die Angst, die Umbenennung der deutschen Straßennamen könnte eine Minderung der deutschen Touristenankünfte in Swakopmund hervorrufen, hat u. a. dazu geführt, dass sich viele Einwohner Swakopmunds gegen die Umbenennung eingesetzt haben, was aber keinen Erfolg hatte.[28]

Als negative Auswirkung des Tourismus sieht Reich generell die Gefahr der Errichtung von Feriendörfern, was beispielsweise auf das sog. Bungalowdorf bei Swakopmund angewendet werden kann. Das Problem solcher Feriendörfer besteht nach Reich hauptsächlich in der Bildung von Monostrukturen in Form von touristischen Ghettos inmitten eines dünnbesiedelten Landes, was höchstwahrscheinlich auf Ablehnung von Seiten der Einheimischen stoßen wird. Zudem seien diese „Ghettos" anfällig für Krisen, so dass sich in der Zukunft diese Dörfer zu einem ‚touristischen Kolmanskuppe' entwickeln könnten[29]. Diese Gefahr ist insofern berechtigt, da Ferienwohnungssiedlungen und Restcamps wie das „Swakopmund Restcamp" und das Restcamp „Meile 14" nur während der Hochsaison im Dezember/Januar vollständig belegt sind.

Weitere Informationen zu diesem Thema finden Sie in: „Tourismus in Namibia" von Cornelia Haldenwang.
ISBN: 978-3-638-01312-3
http://www.grin.com/de/e-book/87147/

---

[28] Vgl. Heß, 2001, S. 5.

[29] Speich, 1994, S. 70.

7. Literaturverzeichnis (inklusive weiterführender Literatur)

African Special Tours (AST): „Afrika`03". 2003, S. 50.

Africandesk. „Ein Spaß im Stehen oder Liegen". <http://www.africandesk.com/de/duneboarding.htm> (06.06.03).

Africandesk. „Township Touren". <http://www.africandesk.com/de/township.html> (05.06.03).

Agri-Tourism, Alphabetical Listing of Guest Houses and Game Farms in Namibia. <http://www.agrinamibia.com.na/GuestFarms> (16.05.03).

AIEST. „Informationen zum Kongreß". <http://www.aiest.org/org/idt/idt_aiest.nsf/de/AFE3689530F5C6C7C1256CCD002AAD56?OpenDocument> (18.04.03).

Air Namibia. 2003. „News. Re-commissioning of the Boeing 747-400 combi". <http://www.airnamibia.com.na/news.htm> (21.03.03).

Allgemeine Zeitung (Hg.). „Tumorpatienten aus Deutschland finden in Namibia wieder zu sich selbst". *Allgemeine Zeitung online,* 09.05.2003. <http://www.az.com.na/az/artikel/az-artikel.php4?rubrik=lokales&artikelnummer=2227> (10.05.03).

Allgemeine Zeitung (Hg.): „Swakopmund ist fast ausgebucht". *Allgemeine Zeitung online,* 20.12.2000. <http://www.az.com.na/az/artikel/az-artikel.php4?rubrik=lokales&artikelnummer=74> (07.06.03).

Auswärtiges Amt. „Namibia. Wirtschaft". <http://www.auswaertiges-amt.de/www/de/laenderinfos/laender/laender_ausgabe_html?type_id=12&land_id=118> (16.03.03).

Bank of Namibia. "Opening Address by Mr T K Alweendo, Governor, Bank of Namibia, at The Hospitality Association of Namibia Congress, 10th June1999."<http://www.bon.com.na/speeches/hospitality%20assoc%20congress.htm> (04.05.03).

Bartlett, Des and Jen: „Family Life of Lions". *National Geographic,* December 1982, S. 800-819.

Becker, Christoph u. a.: *Tourismus und nachhaltige Entwicklung. Grundlagen und praktische Ansätze für den mitteleuropäischen Raum.* Darmstadt: Wissenschaftliche Buchgesellschaft, 1996.

Benthien, Bruno: *Geographie der Erholung und des Tourismus.* Gotha: Justus Perthes Verlag, 1997.

Bernecker, Paul: *Geographie und Fremdenverkehr.* S. 42-47. In: Hofmeister, Burkhard; Steinecke, Albrecht (Hg.): *Geographie des Freizeit- und Fremdenverkehrs.* Darmstadt: Wissenschaftliche Buchgesellschaft, 1984 (*Wege der Forschung,* Bd. 592).

Borowski, Barbara: *.BaedekerAllianz Reiseführer. Namibia.* Ostfildern: Karl Baedeker GmbH, ²2000.

Boudon, Barbara: *Namibia. Genussreise und Rezepte.* Weil der Stadt: Walter Hädecke Verlag, 2001.

Buch, Manfred W.: *Klima und Boden als limitierende Faktoren landwirtschaftlicher Nutzung in Namibia.* S. 139-172. In: Lamping, Heinrich; Jäschke, Uwe (Hg.): *Föderative Raumstrukturen und wirtschaftliche Entwicklungen in Namibia.* Frankfurt/Main: Selbstverlag des Institutes für Wirtschafts- und Sozialgeographie, 1993 (*Frankfurter Wirtschafts- und Sozialgeographische Schriften,* Heft 64).

Bundesverband des deutschen Fischgroßhandels e.V. <http://www.fischgrosshandel.org/presse/fischtafel7.pdf> (12.03.03).

Chadwick, Douglas H.; Bartlett, Des and Jen: „Etosha: Namibia's Kingdom of Animals". *National Geographic*, March 1983, S. 344-385.

Christaller, Walter: *Beiträge zu einer Geographie des Fremdenverkehrs*. S. 156-169. In: Hofmeister, Burkhard; Steinecke, Albrecht (Hg.): *Geographie des Freizeit- und Fremdenverkehrs*. Darmstadt: Wissenschaftliche Buchgesellschaft, 1984 (*Wege der Forschung*, Bd. 592).

COFAD GmbH. „Technische Zusammenarbeit mit Namibia in Fischerei und mariner Umweltforschung". <http://www.cofad.de/namibia_d.htm> (12.03.03).

Dahle, Wendula; Leyerer, Wolfgang: *Namibia. Edition Erde Reiseführer*. Bremen: Edition Temmen, 2001.

Davidson, Andee: „Tourism Planning in the North-West – an opportunity für positive change!". *Travel News Namibia*, Dezember 2002-Januar 2003, S. 29.

Der Tour: „Südliches Afrika", 2002/2003, S. 78-79.

Desert Explorers. „Skydiving". <http://swakop.com/ADV/skydiving.htm> (06.06.03).

Desert Express. 2003.„Namibia`s unique rail experiences". <http://www.desertexpress.com.na/main.htm> (19.03.03).

Deutsch Namibische Gesellschaft e.V. „Das Südwesterlied". <http://www.dngev.de/gesell/land/lexikon/s/südwest.htm> (30.11.02).

Deutsch Namibische Gesellschaft e.V. „Nationalhymne" <http://www.dngev.de/gesell/land/lexikon/h/hymne.jpg> (30.11.02).

Deutsche Gesellschaft für Tourismuswissenschaft e. V. „Ziele". <http://www.dgt.de/> (13.03.03).

Die Zeit. „Zeit-Reisen. Namibia auf neuen Wegen". <http://reisebeilage.zeit.de/zeitreisen/namibia/index_html> (08.06.03).

Dierks, Klaus. „Namibias Schienenverkehr zwischen Aufbau und Rückgang". <http://www.klausdierks.com/frontpage.html> (19.03.03).

Dierks, Klaus. 2001. "‖KHAUXA!NAS. Die Entdeckung der verlorenen Stadt der Kalahari". <http://www.klausdierks.com/frontpage.html.> (05.03.03).

Dierks, Klaus. 2001. „Pfade, Pads und Autobahnen. Verkehrswege erschließen ein menschenleeres Land." <http://www.klausdierks.com/Strassen/index.html> (18.03.03).

Dierks, Klaus. 2003. "Chronologie der namibischen Geschichte. Von der vorgeschichtlichen Zeit zur Unabhängigkeit und danach". <http://www.klausdierks.com/Geschichte/1.htm> (05.03.03).

Directorate of Environmental Affairs (DEA), Ministry of Environment and Tourism (MET), Namibia. „Atlas of Namibia, Tourist Accomodation". <http://www.dea.met.gov.na/data/Atlas/zip_files/Fig%205.34%20Tourism%20accommodation%20-%20database.zip> (02.05.03).

Djoser: „Reisen auf andere Art". 2003/2004, S. 64.

Dornseif, Golf. 18. Juli 1999. „Glanz und Elend der Diamanten-Pioniere". <http://www.traditionsverband.de/> (15.03.03).

Dr.Tigges: „Asien, Afrika, Amerika, Australien". 2002, S. 96.

Duenbostel, Jürgen: „Namibia nach der Unabhängigkeit. … ‚Ist das die Freiheit für die wir gekämpft haben?'. *Die Zeit*, 22.03.1991.

Erb, Elke: „Eine Kamelfarm bei Swakopmund". *Namibia Magazin* 3/2001, S. 24-25.

Etosha Fly-In Safaris. "Tägliche Pirschfahrten in den östlichen Teil des Etoscha Parks" <http://www.etosha.com/gamedr_g.htm> (10.05.03).

Explorer: „Fernreisen. Südliches Afrika". 2002, S. 44.

Fischer, Wolfgang. „Ombili und Buschmanntrail". <http://home.t-online.de/home/cwfischer/video.htm> (13.05.03).

Fischer, Wolfgang. „Ombili". <http://home.tonline.de/home/cwfischer/ombili.htm> (13.05.03).

Frandsen, Robin: *Map of Etosha*. Durban: Fishwick Printers. o. J. (hrsg. v. Honeyguide Publications).

Freyer, Walter: *Tourismus und Wissenschaft – Chance für den Wissenschaftsstandort Deutschland*. S. 218-237. In: Feldmann, Olaf (Hg.): *Tourismus – Chance für den Standort Deutschland*. Baden-Baden: Nomos Verlagsgesellschaft, 1997.

Freyer, Walter: *Tourismus. Einführung in die Fremdenverkehrsökonomie*. München/Wien: Oldenbourg Verlag, [7]2001 (hrsg. v. Freyer, Walter: *Lehr- und Handbücher zu Tourismus, Verkehr und Freizeit*).

Frömel, Susanne: „Heimatmelodien". *Die Zeit*, 29.08.2002, S. 51.

Gastro Facts online. „Ein Jahr nach dem 11. September". <http://www.gastrofacts.ch/news/branche/data/2002/09_02/september_2002_05.htm> (10.04.03).

Gebeco: „Südliches Afrika und Indischer Ozean". 2002/2003, S. 10.

Globales Lernen. „Dimensionen, Perspektiven und Wirkungen des Entwicklungsländer-Tourismus". <http://www.globales-lernen.de/Schwerpunkte/Reisen/kern1.htm> (13.03.03).

Goway. „Rail Experiences". <http://www.goway.com/africa/dune_express.html> (18.03.03).

Grill, Bartholomäus: „Die vergessene Epidemie". *Die Zeit*, 08.05.2003, S. 14.

Groth, Siegfried: *Namibische Passion. Tragik und Größe der namibischen Befreiungsbewegung*. Wuppertal: Peter Hammer Verlag, 1995.

Grünert, Nicole: *Namibias faszinierende Geologie. Ein Reisehandbuch*. Göttingen: Klaus Hess Verlag, [2]2000 [[1]1999].

Guerba: „Africa in close up". 2002/2003, S. 48.

Günter, Wolfgang: *Pädagogik zwischen Massentourismus und Bildungsreise. Zur Entwicklungs- und Problemgeschichte der Reisepädagogik.* S. 9-23. In: Isenberg, Wolfgang (Hg.): *Phänomen Tourismus. Interdisziplinäre Beiträge zur Erforschung des Reisens.* Bergisch Gladbach: Thomas-Morus-Akademie, 1998.

Hagen, Wally u. Horst: „Big five". *Terra,* 4/2002, S. 16-33.

Halbach, Axel J.: *Grundlagenstudie Namibia.* München: Dissertations- und Fotodruck Prank GmbH, 1989 (hrsg. v. Ifo-Institut für Wirtschaftsforschung: *Sektorstudie Tourismus. Struktur, Potential und Förderungsmöglichkeiten,* Bd. 12).

Hälbich, Edgar. „Swakop-Brücke ab heute wieder offen." *Allgemeine Zeitung online,* 06.12.2002. <http://www.az.com.na/az/index.html> (15.12.02).

Hälbich, Edgar. „Waterfront wird konkret". *Allgemeine Zeitung online,* 07.11.2002. <http://www.az.com.na/az/artikel/az-artikel.php4?rubrik=lokales&artikelnummer=1772> (06.06.03).

Hamilton III, William J.; Hughes, Carol and David: „The Living Sands of the Namib". *National Geographic,* September 1983, S. 364-377.

HAN - Hospitality Association of Namibia.<http://www.hannamibia.com> (16.05.03).

HAN. "About Han". <http://www.hannamibia.com/html/Han.php?mainid=1&subid=1> (02.05.03).

Harring, Sid. „Commentary on the Environmental Assessment Report of the Feasibility Study on the Proposed Lower Cunene Hydropower Scheme".<http://www.irn.org/programs/safrica/epupareview/social.html> (21.03.03).

Heine, Attila. „Infrastrukturen". <http://www.beepworld.de/members43/namibiadatenfakten/infrastrukturen.htm> (17.03.03).

Heinrich, Dirk. „Arroganz unerwünscht". *Allgemeine Zeitung online,* 02.05.2003. <http://www.az.com.na/az/artikel/az-artikel.php4?rubrik=lokales&artikelnummer=2212> (07.05.03).

Heinrich, Dirk. „Daberas Mine soll für zehn Jahre Diamanten liefern". *Allgemeine Zeitung online,* 03.06.2002. <http://www.az-namibia.de/artikel/az-artikel.php4?rubrik=wirtschaft&artikelnummer =487> (12.01.03).

Heinrich, Dirk. „Präsident jagt in Etoscha". *Allgemeine Zeitung online,* 20.12.2002. <http://www.az.com.na/az/artikel/az-artikel.php4?rubrik=lokales&artikelnummer=1910> (05.05.03).

Heinrich, Dirk. „Sauberkeit hat Priorität". *Allgemeine Zeitung online,* 12.12.2002. <http://www.az.com.na/az/artikel/az-artikel.php4?rubrik=lokales&artikelnummer=1889> (06.06.03).

Heinrich, Dirk. „Weltumwelttag gefeiert". *Allgemeine Zeitung online,* 06.06.2002. <http://www.az.com.na/az/index.html> (03.04.03).

Henkel, Michael (Hg.): „Weltweit … mit Freunden reisen …". *Henkalaya e. K.,* 2003, S. 81.

Heß, Klaus (Hg.): „Eine Idee setzt sich durch: Immer mehr Conservancies". *Namibia Magazin* 3/2001, S. 30.

Heß, Klaus (Hg.): „Geplante Hotelentwicklung am Diaz Point". *Namibia Magazin* 3/2001, S. 30.

Heß, Klaus (Hg.): „Straßennamen sorgen für Aufregung". *Namibia Magazin* 4/2001, S. 5.

Heussen, Sven. „Neuanfang für Air Namibia". *Allgemeine Zeitung online*, 17.01.2003.
<http://www.az.com.na/az/index.html> (20.01.03).

Heussen, Sven. „Ramatex soll Hunger stillen". *Allgemeine Zeitung online*, 16.01.2002.
<http://www.az.com.na/az/index.html> (17.03.03).

Heussen, Sven. „Späte Initiative". *Allgemeine Zeitung online*, 17.09.2002. <http://www.az-namibia.de/artikel/az-artikel.php4?rubrik=lokales&artikelnummer=1622> (05.02.03).

Heussen, Sven. „Stadtverwaltung warnt vor verdrecktem Wasser". *Allgemeine Zeiung online,* 10.01.2003.
<http://www.az.com.na/az/index.html> (24.03.03).

Hodgson, Bryan; Brandenburg, Jim: „Namibia – Nearly a Nation". *National Geographic*, June 1982, S. 755-797.

Hoffmann, Giselher: „Brautschau". *Merian,* November/1997, S. 81-89.

Hoffmann, Ruth: „Schwarze Löcher über Afrika". *Die Zeit*, 03.04.2003, S. 30.

Hofmann, Eberhard. „Schwer belastet". *Allgemeine Zeitung online*, 15.01.2003.
<http://www.az.com.na/az/index.html> (24.03.03).

Hofmann, Eberhard. „Shikongo nimmt Anlauf auf Qualität". *Allgemeine Zeitung online,* 19.06.2002.
<http://www.az.com.na/az/artikel/az-artikel.php4?rubrik=lokales&artikelnummer=1315> (08.05.03).

Holm-Petersen, Erik: *Tourism in Namibia.* S. 92-94. In: Ministry of Environment and Tourism (Hg.): *Namibia Environment. Volume 1.* Windhoek: Gamsberg Macmillan Publishers, 1997.

Horenburg, Thorsten: *Tourismus in Namibia.* Köln: 1998.

Horizon. „Fish River Canyon. The sights". <http://www.horizon.fr/namibia/ainfofishriver.html> (20.05.03).

Hunziker, Walter: *Fremdenverkehr.* S. 48-62. In: Hofmeister, Burkhard; Steinecke, Albrecht (Hg.). *Geographie des Freizeit- und Fremdenverkehrs.* Darmstadt: Wissenschaftliche Buchgesellschaft, 1984 (*Wege der Forschung*, Bd. 592).

Hüser, Klaus u.a.: *Namibia. Eine Landschaftskinde in Bildern.* Göttingen: Klaus Hess Verlag, 2001.

ICL. Februar 1990. „Namibia Constitution". <http://www.oefre.unibe.ch/law/icl/wa00000_.html#A001_> (04.12.02).

Institut für öffentliche Dienstleistungen und Tourismus. „Association Internationale d'Experts Scientifiques du Tourisme".
<http://www.idt.unisg.ch/org/idt/main.nsf/3740383e39272e4441256c6a002d1251/43c6ad04e4b32713c1256c6a0050c67c?OpenDocument> (18.04.03).

Institute for Public Policy Research, Windhoek. „The IJG Business Climate Monitor für November 2002".
<http://www.ippr.org.na/BCM_Nov2002.htm> (08.05.03).

Intercape. „Routes". <http://www.intercape.co.za/> (18.03.03).

Iwanowski, Michael: *Namibia. Reise-Handbuch.* Dormagen: Iwanowski`s Reisebuchverlag, [20]2002.

Iwanowski's Reisen. "Etoscha National Park: Geführte Tagessafaris".
<http://www.iwanowski.de/news/news_view.php3?action=view&nwid=212> (10.05.03).

Iwanowski's Reisen. „Etoscha: Neuer Zugang im Norden".
<http://www.iwanowski.de/news/news_view.php3?action=view&nwid=281> (08.05.03).

Jacana Tours: „Südliches Afrika". 2002, S. 29.

Jäschke, Uwe: *Namibia. Map 2002*. Windhoek: Projects & Promotions. 2002.

Jenkins, Carson L.: *The Development of Tourism in Namibia*. S. 113-128. In: Dieke, Peter U.C. (Hg.): *The political economy of tourism in Africa*. New York/Sydney/Tokyo: Cognizant Communication Corporation, 2000.

Kainbacher, Paul: *Der Fremdenverkehr in Namibia und seine Entwicklungsmöglichkeiten*. Wien: 1995.

Kanzler, Sven-Eric: „Lüderitz poliert seine Juwelen". *Travel News Namibia. Deutsche Sonderausgabe*, Januar-Juni 2002, S. 12-13.

Kanzler, Sven-Eric: „Marsch gegen das Vergessen". *Travel News Namibia. Deutsche Sonderausgabe*, Januar-Juni 2002, S. 23.

Karawane Reisen: „Erlebnis Studienreise". 2003, S. 128-131.

Kashjuna Hunting Lodge. „Jagdmöglichkeiten auf der Kashjuna Hunting Lodge". <http://www.kashjuna-lodge.de/> (07.06.03).

Kaspar, Claude: *Die Tourismuslehre im Grundriss. St. Galler Beiträge zum Tourismus und zur Verkehrswirtschaft*. Bern/Stuttgart: Haupt Verlag, [4]1991. (*Reihe Tourismus*, Bd. 1).

Kenna, Constance (HG.). *Die „DDR_Kinder" von Namibia – Heimkehrer in ein fremdes Land*. Göttingen: Klaus Hess Verlag, 1999.

Kesselmann, Heiko: *Entwicklung und Umsetzung eines sanften Tourismus in Namibia, mit besonderer Berücksichtigung des Namib Rand Naturschutzgebietes*. S. 131-147. In: Kirstges, Torsten; Lück, Michael (Hg.): *Umweltverträglicher Tourismus. Fallstudien zur Entwicklung und Umsetzung Sanfter Tourismuskonzepte*. Meßkirch: Armin Gmeiner Verlag, 2001.

Klimm, Ernst u.a.: *Das südliche Afrika*, Bd. 2. *Namibia – Botswana*. Darmstadt: Wissenschaftliche Buchgesellschaft, 1994 (hrsg. v. Storkebaum, Werner: *Wissenschaftliche Länderkunden*, Bd. 39).

Kock, Claus: „Realitäten der Landfrage". *Allgemeine Zeitung,* 15.10.2002, S. 9.

Köthe, Friedrich; Schetar, Daniela: *Namibia*. München: Polyglott Verlag, 2001.

Kristallgalerie. <http://www.kristallgalerie.com/> (06.06.03).

La Rochelle. „Jagen auf La Rochelle". <http://www.la-rochelle-hunting-lodge.de/Frames/IndexlodgeFrame.htm> (07.06.03).

Ladmiral, Jean-René, Lipiansky, Edmond Marc: *Interkulturelle Kommunikation. Zur Dynamik mehrsprachiger Gruppen*. Frankfurt am Main: Campus Verlag GmbH, 2000 (hrsg. v. Nicklas, Hans: *Europäische Bibliothek interkultureller Studien*. Bd. 5).

Lamping, Heinrich: *Tourismusstrukturen in Namibia. Gästefarmen – Jagdfarmen – Lodges – Rastlager.* Frankfurt/Main: Selbstverlag des Institutes für Wirtschafts- und Sozialgeographie, 1996 (hrsg. v. Gruber, G. u. a.: *Frankfurter Wirtschafts- und Sozialgeographische Schriften,* Heft 69).

Lernidee: „Diamant Afrikas. Mit dem Sonderzug durch Südafrika und Namibia". 2002, S. 2; 39.

Leser, Hartmut: *Namibia.* Stuttgart: Ernst Klett Verlag, 1982.

LTU plus: „Wohltuend anders". 2002, S. 228.

Luft, Hartmut: *Grundlegende Tourismusbetriebslehre.* Limburgerhof: FBV-Medien-Verlags GmbH, 1996.

Martin, Henno: *Wenn es Krieg gibt, gehen wir in die Wüste.* Fulda: Two Books, ²2002 [¹2001].

Maßmann, Ursula: *Swakopmund. Eine kleine Chronik.* Swakopmund: Gesellschaft für Wissenschaftliche Entwicklung, ⁵1998 [¹1982].

Meet-Namibia. „15.11.02. Namutoni – Tsintsabis – Muramba Bushman". <http://www.meet-namibia.7to.de/namibia2002_3.htm> (13.05.03).

Meiers`s Weltreisen: „Afrika. Indischer Ozean, Orient". 2003, S. 136; 150-155.

Merkel, Angela: *„Nachhaltiger Tourismus" – Herausforderung und Zukunftschance.* S. 178-186. In: Feldmann, Olaf (Hg.): *Tourismus – Chance für den Standort Deutschland.* Baden-Baden: Nomos Verlagsgesellschaft, 1997.

Metzger, Fritz: *Wassererschließung in Namibia.* Windhoek: Namibia Wissenschaftliche Gesellschaft, 1998.

Ministerium für Schule, Wissenschaft und Forschung des Landes Nordrhein-Westfalen (Hg.): *Grundschule. Richtlinien und Lehrpläne.* Frechen: Ritterbach Verlag GmbH, 1985.

Ministry of Environment and Tourism, Directorate of Environmental Affairs. „SOER Socio-Economic Balance Sheet 1998". <http://www.dea.met.gov.na/data/publications/reports/soesoec1.pdf> (06.05.03).

Ministry of Environment and Tourism. "Fish River Canyon". <http://www.horizon.fr/namibia/ainfofishriver.html> (20.03.03).

Ministry of Environment and Tourism. „Sea temperatures. Swakopmund". <http://www.dea.met.gov.na/data/Atlas/zip_files/Sea%20temperatures%20at%20Swakopmund.zip> (06.05.03).

Ministry of Fisheries and Marine Resources. „Employment". <http://www.mfmr.gov.na/fishing industry/statistics/employment.htm> (12.03.03).

Mola Mola. „Dolphin & Seal Cruises". <http://www.mola-mola.com.na> (12.02.03).

Morris, Dave; Klein, Claudia (Hg.): *Southern African. Where to stay. Namibia, South Africa, Zimbabwe, Zambia and Botswana.* Cape Town/Windhoek: Colourgem Publications, 2002 b (hrsg. v. *Colourgem. Effective Tourism Promotion).*

Morris, Dave; Klein, Claudia (Hg.): *Walvis Bay. Namibia's gateway to trade and tourism.* Windhoek: Colourgem Publications, 2002 a (hrsg. v. *Colourgem. Effective Tourism Promotion).*

Mousebird Backpackers und Safaris. "Sightseeing – Der Hoba Meteorit".
<http://www.mousebird.de/meteorit.html> (13.05.03).

Mundt, Jörn W.: *Einführung in den Tourismus*. München/Wien: Oldenbourg Verlag, ²2001.

Nachtwei, Winfried: *Namibia. Von der antikolonialen Revolte zum nationalen Befreiungskampf.* Mannheim: Jürgen Sendler Verlag, 1976 (*Nationale Befreiung,* Bd.7).

NACOBTA. 2001. „Verband namibischer Gemeinden zur Gründung tourismus-orientierter Unternehmen".
<http://www.nacobta.com.na/ge/Index.htm> (02.05.03).

Namib Sun Hotels. „Specials. For South African citizens and Permanet Residents".
<http://www.namibsunhotels.com.na/english/e_main.htm> (15.05.03).

Namib Web. 1998. „Kristall Kellerei winery in Omaruru". <http://www.namibweb.com/winery.htm> (13.03.03).

Namibfun. „Event Archives". <http://www.namibfun.com.na/event.php> (05.06.03).

Namibia Tourism Board (Hg.): "Namibia. Land der Kontraste". *Land of Contrasts,* 2003, S. 1-22.

Namibia Tourism Board (Hg.): *Namibia. Schauspiel der Natur.* Frankfurt/Main: Bresink Eckert Wenz Werbeagentur GmbH, 2002.

Namibia Tourism Board (Hg.): *Willkommen in Namibia. Amtlicher Reiseführer 2003.* Windhoek: Solitaire Press, 2003.

Namibia Tourism Board (Hg.): *Willkommen in Namibia. Touristen Beherbergungs- und Onformationsführer 2002.* Windhoek: Solitaire Press, 2002.

Namibia Tourism Board. „Namibia – Zauber der Natur". <http://www.namibia-tourism.com/reitipps/geologie.htm> (27.01.03).

Namibia Tourism. Board Frankfurt. 2003. „Flughafen". <http://www.namibia-tourism.com/gzw-a-z/a-z_flughafen.htm> (21.03.03).

Namibia Tourismus Informations System. <http://www.ntis-online.com> (16.05.03).

Namibia Trade Directory. 2000. „Physical infrastructure."
<http://www.tradedirectory.com.na/info.php?mode=single&entryid=394> (19.03.03).

Namibia Travel Online. <http://www.natron.net> (16.05.03).

Namibia-Camping. <http://www.thomasrichter.de/namibia> (16.05.03).

Namibiareservations. „Top 5 Namibia Wildlife Resorts".
<http://www.namibiareservations.com/namibiawildliferesorts.html> (08.05.03).

Namibiatouristik. „Brandungsangeln an Namibias Küste". <http://www.namibiatouristik.de/4/4_5.html> (06.06.03).

Namibweb.com - The Online Guide to Namibia. <http://www.namibweb.com> (16.05.03).

Natron Net. „Aktiv sein im Land der Kontraste – Golfen". <http://www.natron.net/best-travel/golf.html> (06.06.03).

NIED. „General Information on NIED". <http://www.nied.edu.na/nied/geninfo.htm> (25.03.03).

Noack, Hans-Christoph: „Urlaub in der Krise". *FAZ*, 08.03.2003, S. 1.

Noczil, Birgit. „Konfrontation bleibt aus". *Allgemeine Zeitung online*, 27.11.2002.
<http://www.az.com.na/az/artikel/az-artikel.php4?rubrik=lokales&artikelnummer=1834> (11.05.03).

Noczil, Birgit. „Streit um Safari-Konzession in Nationalpark". *Allgemeine Zeitung online*, 26.11.2002.
<http://www.az.com.na/az/artikel/az-artikel.php4?rubrik=lokales&artikelnummer=1831> (11.05.03).

Noczil, Birgit. „Studie zu Popa-Kraftwek im Juni beendet". *Allgemeine Zeitung online*, 07.02.2003.
<http://www.az.com.na/az/index.html> (24.03.03).

Nuhn, Walter: *Feind überall. Der große Nama-Aufstand (Hottentottenaufstand) 1904-1908 in Deutsch-Südwestafrika (Namibia). Der erste Partisanenkrieg in der Geschichte der deutschen Armee.* Bonn: Bernard & Graefe Verlag, 2000.

Okalele´s Afrika-Portal, Namibia. <http://www.okalele.de/afrikaportal/namibia/namibia.htm> (16.05.03).

Okambara Game Ranch. „Wein aus Namibia: Die Kristall Kellerei in Omaruru".
<http://www.okambara.de/1.k35_main.htm> (11.03.03).

Opaschowski, Horst W.: *Tourismus. Systematische Einführung – Analysen und Prognosen.* Opladen: Leske und Budrich, 1996 (*Freizeit- und Tourismusstudien*, Bd. 3).

Pack, Livia u. Peter: *Travel Handbuch Namibia.* Berlin: Stefan Loose Verlag, 2002.

Peace Parks Foundation. „Profile.Objectives". <http://www.peaceparks.org/> (06.06.03).

Petersen, Elisabeth: *Namibia.* Köln: Vista Point Verlag, ²1999.

Pleasureflights. „Namibia Air Charter Flights". <http://www.pleasureflights.com.na> (05.06.03).

Pro Wildlife: „Elefanten erneut im Visier der Jäger".
<http://www.prowildlife.de/Projekte/Elefanten/Elfenbein.html> (15.03.03).

Radio Kudu. <http://www.radiokudu.com.na/> (21.03.03).

Reit Safari. „Reitsafari in Namibia". <http://www.reitsafari.com/haupt.htm> (07.06.03).

Reservations Africa. „Epacho Game Lodge und Spa". <http://resafrica.net/epacha-game-lodge.de/> (08.05.03).

Rhein-Zeitung online. „Entsetzen bei Tierschützern – Jubel in Japan". <http://rhein-zeitung.de/old/97/06/21/topnews/elfenbein.html> (15.03.03).

Ritz Desert Lodge. "Accommodation – our guestrooms with views into Namibia's famous desert".
<http://www.desertlodge.web.na/accommodation.htm> (06.06.03).

Rössing Uranium Mine. „Social, environmental and statistical report 2001".
<http://www.rossing.com/reports/se1_10.pdf> <http://www.rossing.com/reports/se11_22.pdf> (16.03.03).

Rotel Tours: „Das Rollende Hotel". 2003, S. 57.

Rumpf, Hanno: *Facts and Figures. Die EG-Tourismus-Studie über Namibia und die Ziele der namibischen Regierung.* S. 5-20. In: Lamping, Heinrich; Jäschke, Uwe (Hg.): *Namibia – Perspektiven und Grenzen einer touristischen Erschließung.* Frankfurt/Main: Selbstverlag des Institutes für Wirtschafts- und Sozialgeographie, 1994 (*Frankfurter Wirtschafts- und Sozialgeographische Schriften,* Heft 66).

SAFRI. „Engagement lohnt sich – politisch, wirtschaftlich und menschlich". <http://www.safri.de/frame_german.asp> (02.05.03).

SAFRI. „SAFRI stellt Tourismus-Studie vor". <http://www.safri.de/tourism_a_german.html> (02.05.03).

Schalkwyk van, Paul (Hg.): „Hotel school in Swakop". *Travel News Namibia,* Dezember 2002 - Januar 2003, S. 6.

Schalkwyk van, Paul (Hg.): „Wichtige Reiseziele in Namibia". *Travel News Namibia,* Januar-Juni 2002, S. 4.

Schalkwyk van, Paul (Hg.): *Namibia. Holiday and Travel. The official namibian tourism directory.* Windhoek: Venture Publications, 2003.

Schetar, Daniela; Köthe, Friedrich: „Hereroland. Reise durch die Buschsavanne der Herero". *HB Bildatlas Special. Namibia,* 61, S. 22-33.

Schetar, Daniela; Köthe, Friedrich: „Norden. Das schwarze, vitale Herz des Landes". *HB Bildatlas Special Namibia,* 61, S. 57-69.

Schetar, Daniela; Köthe, Friedrich: *Namibia. Handbuch für individuelles Reisen und Entdecken.* Markgröningen: Reise Know-How Verlag, ³2002 [¹1996].

Schillergymnasium Münster. „Das Schuldorf Baumgartsbrunn in Namibia". <http://www.muenster.de/~schiller/namibia/namibia_stiftung.html> (25.03.03).

Schmid-Pieters, Anita <core@mweb.com.na>. 18.08.02. „Namibia B&B Info" Persönliche E-Mail (19.08.02).

Schmidt-Lauber, Brigitta: *Weihnachten im Sommer: Zur Konstruktion deutscher Identität in Namibia.* Basel: BAB, 1998 (hrsg. v. *Basler Afrika Bibliographien).*

Schmitt, Wilfried, G. „Heilung durch Reisen". <http://www.selbstheilungskraefte.de/hdr.htm> (10.05.03).

Schneider, G.I.C.: *Bergbauliche Ressourcen und ihre Nutzungsmöglichkeiten.* S. 185-206. In: Lamping, Heinrich; Jäschke, Uwe (Hg.): *Föderative Raumstrukturen und wirtschaftliche Entwicklungen in Namibia.* Frankfurt/Main: Selbstverlag des Institutes für Wirtschafts- und Sozialgeographie, 1993 (*Frankfurter Wirtschafts- und Sozialgeographische Schriften,* Heft 64).

Schneider, G.I.C.; Schneider, M.B.: *Grundlagen zur geographischen und geologischen Ausgangssituation Südwestafrikas/Namibias.* S. 37-56. In: Lamping, Heinrich (Hg.): *Namibia. Ausgewählte Themen der Exkursion 1988.* Frankfurt/Main: Selbstverlag des Institutes für Wirtschafts- und Sozialgeographie, 1989 (*Frankfurter Wirtschafts- und Sozialgeographische Schriften,* Heft 53).

Schneider, Gabi: „The Petrified Forest". *Tourismus Namibia. Eine Beilage der Allgemeinen Zeitung,* Oktober 2001, S. 9.

Schönrock`s Weinexoten. „Unsere Weine aus Namibia". <http://www.weinexoten.de/Namibia.html#Namibia> (11.03.03).

Schreiber, Irmgard. „Jeder dritte ist arbeitslos". *Allgemeine Zeitung online*, 24.03.2003.
<http://www.az.com.na/az/index.html> (24.03.03).

Schwarz, Birgit: „Vertreibung aus der Savanne". *Der Spiegel*, 45/2002, S. 152-155.

Seckelmann, Astrid: *Siedlungsentwicklung im unabhängigen Namibia. Transformationsprozesse in Klein-
und Mittelzentren der Farmzone.* Hamburg: Institut für Afrikakunde, 2000 (*Hamburger Beiträge zur Afrika-
Kunde*, Bd. 60).

Southern Africa Where to Stay. <http://www.wheretostayonline.com> (16.05.03).

Speich, Richard: *Tourismus in Namibia als Wirtschaftsfaktor und Grundlage wirtschaftsräumlicher
Entwicklungen.* S. 61-74. In: Lamping, Heinrich; Jäschke, Uwe (Hg.): *Namibia – Perspektiven und
Grenzen einer touristischen Erschließung.* Frankfurt/Main: Selbstverlag des Institutes für Wirtschafts-
und Sozialgeographie, 1994 (*Frankfurter Wirtschafts- und Sozialgeographische Schriften*, Heft 66).

Spiegel online. „Jahrbuch 2003. Namibia". <http://www.spiegel.de/jahrbuch/0,1518,NAM,00.html> (15.03.03).

Springer, Dirk. „Tourismusindustrie weiterhin im Aufwind". *Allgemeine Zeitung online*, 20.11.2002.
<http://www.az-namibia.com/az/artikel/az-...1.php4?rubrik=lokales&artikelnummer=1815> (25.11.02).

Springer, Marc. „Alarmierende Ernteprognose". *Allgemeine Zeitung online*, 04.04.2003.
<http://www.az.com.na/az/index.html> (05.04.2003).

Springer, Marc. „Regierung lehnt angebotene Farmen ab". *Allgemeine Zeitung online*, 17.04.2003.
<http://www.az.com.na/az/index.html> (17.04.03).

Stadtmüller, Carola. „Wissen ist nicht immer Macht". *Allgemeine Zeitung online*, 26.11.2002.
<http://www.az.com.na/az/index.html> (15.02.03).

Statistisches Bundesamt. <http://www.destatis.de/cgi-bin/ausland_suche.pl> (03.12.02).

Statistisches Bundesamt/Eurostat (Hg.): *Länderbericht Namibia 1992.* Wiesbaden: Metzler u. Poeschel Verlag,
1992.

Südafrika Tours (SAA): „Das umfassende Reiseprogramm ins Südliche Afrika auf dem deutschen Markt". 2002,
S. 90-92.

Sun Bay Cruise: „Reisen in seiner schönsten Form". 2002/2003, S. 28.

Sunvil Guide to Namibia. <http://www.sunvil.co.uk/africa/namibia/guidebook/intro.htm> (16.05.03).

TASA. 2001. „Who we are ...". <http://www.tasa.na/main.htm> (02.05.03).

Ten Africa Tours. 2003. „Air Namibia mit Airbus statt boing".
<http://www.tenafricatours.com/info/news/archiv/detail/index.php?newsid=51> (10.02.03).

Ten Africa Tours. 2003. „Endgültige Schließung des Eros Flughafens am 7. Februar".
<http://www.tenafricatours.com/info/news/archiv/detail/index.php?newsid=58> (10.02.03).

Tenafricatours. „Dritter Etosha-Eingang eröffnet".
<http://www.tenafricatours.com/info/news/archiv/detail/index.php?newsid=60> (05.02.03.).

Tenafricatours. „Verwirrung im und ums Sossusvlei".
<http://www.tenafricatours.com/info/news/archiv/detail/index.php?newsid=68> (23.03.03).

The Bed & Breakfast Association of Namibia. <http://www.bed-breakfast-namibia.com/memberlist.html>
(16.05.03).

The Namibia Economist. „Life after 11 September". <http://www.economist.com.na/2002/28june/05-28-
18.html> (11.06.03).

The Namibian Connection, Accomodation Directory. <http://www.orusovo.com/accommodation/default.htm>
(16.05.03).

The Namibian, Windhoek. "Tourism Industry 'Must Beef Up its
Service'".<http://allafrica.com/stories/200305040006.html> (11.06.03).

The Namibian, Windhoek. „Tourism Industry 'Must Beef Up its Service'".
<http://allafrica.com/stories/200305040006.html> (11.06.03).

The Republic of Namibia. „ Namibia in a Nutshell, Main Towns and Population Figures".
<http://www.grnnet.gov.na/Nam_Nutshell/Land/Towns_Population.htm> (19.05.03).

Töpfer, Klaus: „Neue Wege gehen. Ein bewusster und nachhaltiger Umgang mit Energie tut not". *FAZ,*
02.04.2003, S. B1-B2.

TOURISTIK R.E.P.O.R.T. „Namibia renoviert seinen Tourismus."
<http://www.touristikreport.de/archiv/tba/archiv/afrika/960761486327873536.html> (06.05.03).

Travel Beyond. 2003. „Shongololo Express Dates and Rates".
<http://www.travelbeyond.com/trains/shongololo/dates-prices.htm> (18.03.03).

Trede, Christian. 2001. „Namibia: Wirtschaft". <http://www.namibia-online.de/de/namibia/de_nam_wir.htm>
(16.03.03).

TUI: „Afrika". 2002/2003, S. 53.

Urban, Ilse: *Namibia – Land, Leute und Leben auf einer Farm.* Berlin: Frieling Verlag, 1996.

Vereinte Evangelische Mission. „Presse-Information. Die Kirchen in den Zeiten der AIDS-Pandemie.
Fachtagung mit Podiumsdiskussion in Wuppertal."
<http://www.vemission.org/index.html?/presse/pm2001/pm01-10-16.html> (02.04.03).

Vester, Heinz-Günter: *Jenseits der Erbsenzählerei. Der mögliche Beitrag der Soziologie zur
Tourismusforschung.* S. 67-73. In: Isenberg, Wolfgang (Hg.): *Phänomen Tourismus. Interdisziplinäre
Beiträge zur Erforschung des Reisens.* Bergisch Gladbach: Thomas-Morus-Akademie, 1998.

Vester, Heinz-Günter: *Tourismustheorie. Soziologische Wegweiser zum Verständnis touristischer
Phänomene.* München/Wien: Profil-Verlag, 1999 (*Reihe Tourismuswissenschaftliche Manuskripte.* Bd. 6).

Vgl. Heussen, Sven. „Teure Lodge". *Allgemeine Zeitung online,* 08.07.2002.
<http://www.az.com.na/az/artikel/az-artikel.php4?rubrik=wirtschaft&artikelnummer=531>
(07.05.2003).

Vgl. Namibiareservations. "Top 15 viewed 2002". <http://www.namibiareservations.com/top15_2002d.html>
(08.05.03).

Vista Verde News. „Überraschung: Konferenz lockert Verbot des Elfenbeinhandels – Wale geschützt".
<http://www.vistaverde.de/news/Natur/0211/15_cites.htm> (15.03.03).

Vorlaufer, Karl: *Ferntourismus und Dritte Welt*. Frankfurt a. M.: Diesterweg, 1984 (hrsg. v. Karger, Adolf:
Studienbücher Geographie).

Vries, Johannes Lucas de: *Namibia. Mission und Politik 1880-1918. Der Einfluß des deutschen
Kolonialismus auf die Missionsarbeit der Rheinischen Missionsgesellschaft im früheren Deutsch-
Südwestafrika*. Neukirchen-Vluyn: Neukirchener Verlag, 1980.

Walvis Bay Corridor Group. <http://www.wbcg.com.na/> (17.03.03).

Weber, Ingeborg; Wiebus, Hans-Otto: *Namibia*. Köln: DuMont Reiseverlag, [5]2002.

Weck, Udo H.: *Tourismus Marketing aus namibischer Sicht*. S. 43-54. In: Lamping, Heinrich; Jäschke, Uwe
(Hg.): *Namibia – Perspektiven und Grenzen einer touristischen Erschließung*. Frankfurt/Main:
Selbstverlag des Institutes für Wirtschafts- und Sozialgeographie, 1994 (*Frankfurter Wirtschafts- und
Sozialgeographische Schriften*, Heft 66).

Wolf, Klaus; Jurczek, Peter: *Geographie der Freizeit und des Tourismus*. Suttgart: Eugen Ulmer GmbH,
1986.

World Health Organization. „Selected health indicators fort his country".
<http://www3.who.int/whosis/country/indicators.cfm?country=nam> (17.03.03).

World Health Organization. „WHO Estimates of Health Personnel Namibia".
<http://www3.who.int/whosis/health_personnel/health_personnel.cfm> (17.03.03).

Zimmers, Barbara: *Geschichte und Entwicklung des Tourismus*. Trier: Selbstverlag der Geographischen
Gesellschaft Trier, 1995. (hrsg. v. Becker, Christoph: *Trierer Tourismus Bibliographien,* Bd. 7).